HORTICULTURE

MISCELLANÉES

PAR M. LE Cte DE GOMER.

JUILLET 1872

Flores oculorum gaudia.

AMIENS,
Typographie H. YVERT, rue des Trois-Cailloux, 64

1872

HORTICULTURE

MISCELLANÉES

PAR M. LE Cte DE GOMER.

JUILLET 1872

Flores oculorum gaudia.

AMIENS,

Typographie H. YVERT, rue des Trois-Cailloux, 64

1872

MISCELLANÉES

DISCOURS DE RÉCEPTION

De M. le Comte de GOMER

Lu à l'Académie d'Amiens, dans la Séance du 24 Mai 1872.

Messieurs,

Je ne puis me défendre d'une très-vive émotion au moment de prendre, pour la première fois, la parole pour vous remercier de l'honneur inespéré que vous avez bien voulu me faire, en m'appelant à venir siéger au milieu de votre savante compagnie, malgré la légéreté de mon bagage littéraire ou scientifique.

Toutefois, si je comprends l'indulgente bienveillance de vos suffrages, je sais aussi qu'ils s'adressent bien moins à moi personnellement, qu'à la Société que je représente; c'est à ce point de vue qu'il m'est permis de vous témoigner hautement ma gratitude.

Vous voulez que le glorieux héritage que vous avez reçu de vos devanciers ne périsse pas dans vos mains et vous travaillez à lui donner chaque jour un nouvel éclat. Votre compagnie a pris le titre d'Académie des Sciences, des Lettres et des Arts d'Amiens, dès lors tout ce qui se rattache à l'une de ces trois sections, avait sa place marquée au milieu de vous.

A défaut d'autres titres pour justifier l'extrême bienveillance de vos suffrages, je ne puis offrir à l'Académie d'Amiens que le désir de bien faire, l'amour du travail et enfin l'étude spéciale de certaines questions horticoles qui souvent, peut-être, ont été trop dédaignées par le monde savant.

L'horticulture aujourd'hui repose sur une base essentiellement scientifique ; depuis cent ans, mais surtout dans le XIXe siècle, son cercle s'est considérablement agrandi, il est maintenant si vaste et si étendu, qu'il embrasse tous les genres de végétaux, et renferme ceux de tous les climats et de toutes les latitudes. Les sciences physiques et chimiques, aussi bien que les sciences naturelles, ont dû venir en aide à l'horticulteur pour lui permettre de conserver vivantes et de cultiver avec succès les plantes exotiques qui semblaient bannies à jamais de notre climat.

Pour y parvenir, il a fallu étudier la physiologie des plantes, il a fallu connaître, par l'étude de la botanique, le mécanisme de la vie des végétaux, se rendre compte des mystères de la nutrition et de la fécondation, aussi bien que des phénomènes du sommeil et du réveil des plantes. La flore des climats tempérés ne suffisant plus à satisfaire nos goûts, il a fallu aussi consulter les géographes et les astronomes pour nous renseigner sur les stations de nos nouvelles conquêtes et connaître spécialement les lois suivant lesquelles elles sont distribuées dans les diverses régions du globe.

Sans toucher au domaine de la politique, on peut dire que si les systèmes des hommes changent, les lois de la nature sont immuables, et qu'il faut demander le succès à leur étude, à leur application bien entendue. Cela constitue la science horticole libérée de toutes les vieilles routines.

Je suis amené, par ce qui précède, à dire que, comme toutes les autres, la science horticole a sa philosophie et sa moralité; elle se rattache, par les liens les plus étroits, à l'histoire des arts, des sciences, des institutions, des mœurs, de la civilisation en un mot et de plus à l'ensemble des phénomènes inhérents au climat de chaque pays et à la nature de ses productions.

Il s'ensuit évidemment que le champ le plus vaste, les aspects les plus variés, sont ouverts à l'horticulture; la mine qu'elle doit exploiter est inépuisable, il ne s'agit pour elle, comme pour le chercheur d'or, que de procéder par élimination et de choisir les parties les plus précieuses. Ce qui constitue dans une région l'aspect le plus pittoresque, les caractères les plus variés, ce qui distingue les divers climats, c'est assurément l'azur du ciel, les feux du soleil, les vallées verdoyantes, les montagnes abruptes, les eaux, les prés fleuris, enfin les arbres avec leurs splendides feuillages; on peut donc dire que l'art a réalisé ses plus heureuses conceptions lorsqu'il a tourné tous ses efforts vers le but de perfectionner et d'embellir ce que le Créateur a fait de plus beau et de plus merveilleux; et il faut convenir que l'architecture, malgré la magnificence de ses monuments, ne vient qu'en seconde ligne, lorsqu'il s'agit de donner la description des caractères distinctifs d'une région.

Cela est si vrai, que, lorsque Mahomet et bien d'autres sectaires à sa suite, ont voulu donner une idée du séjour de la félicité suprême, ils n'ont jamais pu imaginer autre chose qu'un jardin paré de toutes les merveilles de la nature et embelli par les chefs-d'œuvre de l'art.

Les Champs élyséens des Grecs et des Latins n'étaient de leur côté qu'un splendide jardin, où le pieux Enée rencontre tous ceux qui ont conservé leur innocence, ceux qui sont morts en combattant pour la patrie, ceux, en un mot, qui ont laissé sur la terre le souvenir de leurs bonnes actions.

Je ne parlerai pas du jardin des Hespérides, ce qui précède démontre surabondamment que les jardins représentent pour l'homme le beau dans sa plus haute expression.

En consultant les annales de l'histoire, on voit que l'Asie est généralement considérée comme le berceau des sciences et des arts, c'est assurément dans l'extrême Orient et dans l'Asie méridionale que se sont manifestés d'abord les rapides progrès de la civilisation. Ainsi, bien des siècles avant l'ère chrétienne, les Chinois consacraient les plus grands soins à la culture de leurs jardins qui, de nos jours encore, conservent le caractère qui leur avait été imprimé dans ces temps primitifs. Xénophon, qui écrivait 400 ans avant Jésus-Christ, parle avec détails du goût des rois de Perse pour leurs jardins; « Ils veillent, dit-il, à ce que, dans toute l'étendue dans leurs domaines, ils soient pourvus de toutes les choses utiles et agréables, compatibles avec les facultés productives du sol. »

Plutarque, de son côté, rapporte que Lysandre fut reçu par Cyrus dans son jardin de Sardes, et que le général spartiate en ayant loué la beauté, Cyrus se fit gloire d'avoir présidé lui-même à sa formation et au choix des arbres qui en faisaient l'ornement.

Pline lui-même fournit sur la composition des jardins Perses les renseignements les plus précis. Il nous apprend que le dessin en était régulier, que les arbres étaient plantés en rangées rectilignes, et que les allées étaient bordées de touffes de roses, de violettes et d'autres fleurs odoriférantes ; on y trouvait des pavillons de repos, des fontaines, des volières peuplées des oiseaux les plus rares, enfin des tours du haut des quelles on pouvait contempler l'ensemble du paysage.

Les jardins suspendus de Babylone ont acquis dans l'histoire une célébrité qui dispense de donner sur leur construction et leur disposition aucun détail.

Il n'en est pas de même des Egyptiens qui cependant, dans les siècles les plus reculés, avaient un tel goût pour leurs jardins, qu'ils exigeaient de certaines nations tributaires qu'elles payassent un impôt en graines ou en végétaux de leur pays et ainsi, dès-lors, on y voyait pendant toute l'année les fleurs les plus rares. On n'est, d'ailleurs, pas surpris de la prédilection des Egyptiens pour leurs jardins, quand on considère que l'Egypte, par sa position géographique, étant le point intermédiaire entre l'Inde, l'extrême Orient et l'Europe, peut voir prospérer, grâce à la fertilité de son sol, à la douceur de son climat, à l'action fécondante de ses eaux et des inondations périodiques du Nil, les végétaux les plus variés, et en même temps les plus utiles. De nos jours le souverain intelligent qui préside aux destinées de l'Egypte a su profiter de sa situation privilégiée pour y introduire, grâce à la navigation à vapeur, par le canal maritime de Suez, non seulement des graines mais encore des plantes vivantes venant de Maurice, de l'Inde, de la Chine et de l'Australie.

Je ne puis omettre ici, en passant rapidement en revue les jardins de l'antiquité, ceux des Grecs et des Romains qui, placés à la tête des peuples civilisés, firent des merveilles dans l'art des jardins auxquels les derniers surtout donnèrent un coup-d'œil des plus pittoresques et des plus grandioses, par les monuments et les chefs-d'œuvre d'architecture dont ils surent les remplir ; au surplus, en étudiant leur composition, il est impossible de ne pas remarquer une ressemblance et une identité frappante entre les jardins romains, au temps de Trajan, et les jardins français au XVIIe siècle.

Après avoir fait une rapide excursion chez les autres nations du monde, pour signaler les points les plus saillants de leur histoire horticole, si nous procédons de la même manière à l'égard de la France, les Capitulaires de Charlemagne nous fournissent la preuve que dès-lors le plus sérieux intérêt s'attachait aux travaux horticoles, et que déjà on les considérait comme une nécessité de premier ordre. Plus tard, le roi Charles V construit le célèbre hôtel de St-Paul, il en fait dessiner les jardins, et dans ces divers travaux il déploye une prodigalité telle, que pendant un instant, il semble compromettre la réputation qui le fit surnommer le Sage.

Ce ne fut qu'au milieu du XVIe siècle que se développa en France la science botanique au point de vue de la culture, de la multiplication, et surtout de la naturalisation et du perfectionnement des espèces végétales ; c'est alors également que commence la construction des serres chaudes pour la culture des plantes exotiques. Déjà à cette époque la Belgique et la Hollande occupaient le premier rang parmi les nations chez lesquelles la botanique était en honneur. Mais bientôt la France, qui a le talent d'apprécier tout ce qui peut flatter l'esprit et les sens, et de s'approprier toutes les innovations qui peuvent permettre de développer le goût qui la distingue, était appelée à prendre place parmi les nations renommées pour leurs jardins, et l'histoire consacre la gloire que s'est acquise, depuis la fin du XVIIe siècle jusqu'au milieu du XVIIIe, un artiste dont le nom domine toutes les célébrités du même genre ; je veux parler de Le Nôtre qui fut assurément l'une des personnalités les plus intéressantes du règne de Louis XIV.

Il étudia les jardins italiens sans cependant leur faire aucun emprunt. Son séjour à Rome ne fut marqué que par ses entrevues avec sa Sainteté le pape Innocent XI, à qui il fit plusieurs réponses remplies de tact et d'intelligence. Le roi Louis XIV, qui tenait son talent en très-haute estime, conserva toujours pour lui une grande affection et lui demanda, lorsqu'il prit sa retraite de surintendant des jardins royaux, de revenir le voir de temps en temps. Le Nôtre promit et tint parole ; et un jour que le Roi voulut en personne lui faire les honneurs des jardins de la résidence royale de Marly, nouvellement créée par Mansard, il le fit monter avec lui dans sa chaise avec le célèbre architecte. « Ah ! que mon bonhomme de père, dit Le Nôtre, ouvrirait de grands yeux, s'il vivait encore, et qu'il me vît assis, dans ce carosse, auprès du plus grand roi de la terre !

« Il faut convenir, ajouta-t-il, que votre Majesté traite bien son maçon et son jardinier. »

Vers la fin du XVIIIe siècle, on essaya, pour le dessin des jardins, de se soustraire à la tyrannie de la règle et du compas, et l'on s'efforça de faire d'un jardin l'imitation de la nature;l'honneur d'avoir inauguré ce nouveau style appartient à William Kent.

Assez peintre pour sentir les charmes d'un paysage, assez hardi pour oser donner les préceptes d'une science nouvelle, et possédant assez de génie pour concevoir le système qui ne s'était révélé jusque là que par des essais imparfaits, il comprit le pittoresque contraste des côteaux et des vallons se liant imperceptiblement l'un à l'autre. Les grands principes qu'il mit en œuvre étaient la perspective, l'ombre et la lumière. Ainsi le paysage naturel, sous ses mains habiles, fut souvent corrigé, quelquefois embelli, jamais dénaturé. Pour établir un parallèle entre William Kent et Le Nôtre, on peut dire qu'avec ses lignes mathématiques Le Nôtre fut un architecte, tandis que Kent fut un paysagiste copiant la nature dans ce qu'elle offre de pittoresque.

Mais ce n'était pas assez d'avoir dessiné un jardin, d'avoir profité de tous les avantages que pouvait offrir la perspective, il fallait arriver à décorer les diverses parties des jardins, à perfectionner leurs détails, c'est alors que l'on fut ramené à la culture des fleurs,que l'on semblait avoir tout à fait perdue de vue,et sous ce rapport on peut dire que depuis le commencement de notre siècle on a vu s'accomplir des miracles.

Les climats tempérés nous ont fourni un large contingent de plantes ornementales, mais parmi les conquêtes intéressantes dont se sont enrichies nos collections de végétaux exotiques, il faut placer en première ligne la nombreuse famille des Orchidées qui justifient la prédilection dont elles sont l'objet par leur beauté et leur singularité. Avant de les avoir classées au nombre des plantes naturalisées dans notre climat, le monde horticole avait reçu une impression profonde à l'apparition de la tribu de ces plantes fantastiques ; on est forcé d'admirer leurs formes étranges, leurs *facies* insolites, l'élégante bizarrerie de leurs inflorescences, tantôt déliées, menues, aériennes, tantôt lourdes et monstrueuses d'aspect, ici, sombres, velues, bigarrées, imitant des volées entières d'insectes, de papillons, d'oiseaux d'un autre monde; là, grandioses et brillant des couleurs les plus vives et les plus délicates. L'amateur studieux reconnaît qu'il y a pour lui un vif intérêt, une attraction puissante, dans l'examen et dans les essais de culture de ces plantes, filles de l'air, dont la nature exceptionnelle et le genre de vie tout à fait imprévu renversent toutes les idées reçues en horticulture jusqu'à leur apparition et déconcertent toutes les routines. Pour les conserver, et surtout pour réclamer le tribut de leurs fleurs, il a fallu étudier spécialement ces plantes créées ponr vivre sans toucher la terre, suspendues aux troncs et aux rameaux des arbres, sous l'ombre épaisse des forêts vierges, bercées et nourries par les brises tièdes et humides de la zône torride.

Je m'arrête, Messieurs, avec l'espoir qu'il me sera permis de mettre sous vos yeux, durant le cours de votre session accadémique, un travail sur la vie des plantes qui croissent naturellement dans les diverses régions du globe; il pourra être suivi d'une étude sur les végétaux exotiques transportés dans notre climat. Aujourd'hui, je me garderai bien de prolonger, aux dépens de votre patience, la description des végétaux exotiques qui sont entrés dans nos cultures depuis le commencement du siècle, et après avoir considéré le rôle important dévolu à l'horticulture chez les peuples les plus avancés dans la civilisation, je me crois autorisé à conclure que trop souvent l'horticulture est méconnue par ceux-là mêmes, qui devraient avoir mission de travailler à son développement perfectionné. Sans doute au milieu des sociétés savantes il lui a manqué des avocats intelligents, des praticiens instruits, qui sachent rappeler que les végétaux, pris dans leur ensemble, constituent un des trois grands règnes de la nature ; intermédiaires entre le règne minéral et les animaux, ils ont pour mission de fournir à ces derniers les matériaux organisés par lesquels leur vie s'entretient. Un tel rôle exigeait la prodigieuse diversité de formes qu'ils offrent à notre observation. Pour accomplir leur destinée providentielle, ils devaient être appropriés à toutes les conditions de sols et de climats où les animaux sont appelés à vivre et les hommes à exercer leur empire.

L'horticulture intimement associée à l'agriculture, fournit à l'homme les moyens d'arracher à la nature, les innombrables éléments de vie et de richesse qu'elle produit sans cesse et sous tous les climats. Un tel rôle nécessite pour l'étude de la vie et du caractère des plantes, des notions de botanique et de physiologie végétale, auxquelles il faut joindre des connaissances de physique et de chimie, lorsqu'on veut arriver aux procédés de culture.

Un vaste champ d'études et de travaux est donc ouvert à tous ceux qui ne dédaignent pas l'horticulture et savent reconnaître qu'en même temps qu'elle procure la joie des yeux, par l'éclat de ses fleurs, elle pourvoit, par ses fruits et ses plantes alimentaires, à la satisfaction des plus impérieuses nécessités de la vie.

RÉPONSE DE M. MOULLART

Monsieur,

Un des jours brumeux de ce printemps sans soleil, deux visiteurs partaient pour Courcelles. Pendant le trajet, l'un, introducteur aimable et bienveillant, traitait en homme compétent des serres et des jardins que vous y aviez créés : l'autre, absolument ignorant, écoutait pour s'instruire les descriptions intéressantes de son compagnon ; il avait à parler de vous dans une occasion solennelle, et la lecture de quelques-uns de vos mémoires sur l'horticulture lui avait donné le vif désir de voir, au moins rapidement, la pratique réalisée de vos idées ; c'était, lui semblait-il, nécessaire, s'il voulait essayer d'entretenir dignement, malgré son insuffisance, une assemblée qu'il savait être indulgente quoiqu'elle ait le droit d'être difficile.

Vous dirai-je que j'ai été heureux de mon idée ? On trouve, en effet, dans la vue de vos œuvres vivantes un attrait qui entraîne et subjugue. Je ne sais s'il n'y a pas quelque naïveté à l'avouer : vos écrits sur tant de parties variées d'un sujet toujours le même et que vous connaissez à fond étaient pour moi lettre close, j'avais essayé de comprendre, peut-être avais-je cru comprendre. Je m'étais sans doute trompé, car il me semble que la lecture postérieure à la visite fut toute différente de celle qui l'avait précédée.

Je ne suis pas plus horticulteur qu'avant ; pourtant tout étranger que je sois resté à cet art fécond, la portée et le sens m'en sont apparus plus clairement, comme si l'admiration des choses entrevues échauffait l'esprit et allait quelquefois jusqu'à lui donner une lumière qu'il n'a pas naturellement.

Quoiqu'il en soit, vos écrits me frappèrent plus vivement, je les étudiais avec un attrait grandissant qui m'étonnait ; votre langage concis et scientifique me parut plus net et plus exact encore. Vous dites ce qu'il faut, rien que ce qu'il faut dire. Je ne sais si un horticulteur signalerait dans tels de vos rapports des lacunes ; mais je sais que c'est clair. Dans toutes les sciences pratiques il y a des maîtres trop rares qui parlent ainsi : on les reconnaît à leurs exposés sobres, ordonnés, précis ; la solidité de leurs connaissances leur fait éviter le vain étalage d'une érudition indigeste. On peut ignorer, par exemple, la culture de la vigne, mais que des praticiens lisent le rapport dans lequel vous exposez la méthode pour la culture à l'air libre ou protégée par des châssis, il semble impossible qu'ils hésitent et se trompent sur l'application des procédés que vous recommandez.

On peut toujours distinguer dans vos rapports destinés à vulgariser des méthodes éprouvées : les lois certaines d'avec des faits réputés généraux que vous n'avez pas constatés personnellement ; les règles que vous avez suivies dans des cas particuliers des conseils par lesquels vous indiquez une pratique intelligente de moyens spéciaux. Rarement votre auditeur reste dans le doute : il sait toujours ce qu'il doit faire, car je constate que vous inspirez l'esprit de discernement ; on doit vous suivre sans vous copier, comme vous le voulez, avec mesure, avec tact, et non avec cette servilité irréfléchie mère de la routine. Je me rappelle votre courte note sur la culture des asperges de primeurs, votre description des opérations délicates du ciselage et de l'effeuillage de la vigne. Il faudrait citer ici, parmi beaucoup de sujets qu'on regrette de laisser de côté, le passage d'un de vos mémoires où, après avoir expliqué ce qu'est la terre de bruyère, vous indiquez les conditions de son excellence, et comment on peut les réaliser : vous le faites avec une telle propriété d'expressions, que le lecteur inexpérimenté peut voir les racines puisant la nourriture répandue partout et qu'ont préparée l'air et l'humidité pénétrant plus facilement dans le sol ameubli d'après vos conseils.

Votre style n'est pas seulement correct, comme il convient à la science ; il est, quand il le faut, imagé ou brillant ou singulièrement approprié à une pensée difficile à exprimer. Si vous parlez des difficultés qu'il y a à faire vivre chez nous ces fleurs que vous aimez tant, ces pauvrettes arrachées au pays du soleil, dont la vie toujours menacée dans nos rudes climats y est devenue si délicate, vous constatez qu'elles vivent cependant : « On est parvenu à créer dans tous les climats « une saison que n'avait point indiquée la nature. »

Lorsqu'en traitant devant le Congrès scientifique de France la question de la naturalisation des végétaux, vous signalez les variétés des flores de tant de pays, dues à des conditions multiples que vous exposez, vous résumez heureusement votre pensée : « On discerne « mieux la valeur de ces rapprochements quand, au « lieu de considérer les latitudes, on envisage aussi « l'altitude des lieux, cause non moins déterminante et « cause tellement puissante, qu'elle met, pour ainsi « dire, sous nos yeux, dans un espace restreint et « comme dans un magique panorama, la succession de « tous les climats du globe. » Ici, vantant les vertus médicinales des plantes, vous les appelez « des pharmacies vivantes »; là, vous montrez l'horticulteur devenant en quelque sorte, par ses expériences, l'échantillonneur du cultivateur, et votre démonstration vous donne le droit de qualifier votre science de « sœur ainée de l'agriculture. »

Vous êtes maître de votre sujet : toujours le mot accourt obéissant à l'appel de votre pensée pour en mieux dessiner les contours et en nuancer les détails.

L'Académie est encore, j'en suis sûr, sous le charme de la description de vos fleurs préférées : les Orchidées, « ces filles de l'air, » comme vous les appelez, « dont « la nature exceptionnelle a déconcerté toutes les rou- « tines ; » ces plantes qui, dites-vous encore dans une autre description plus développée, « ne connaissent « pas plus que leur patrie originaire le mouvement des « saisons, et ne suivent pas dans leur vie une marche « régulière et successive », qu'il importe, par conséquent, de tenir constamment dans une serre chaude à température égale pour ne pas leur faire trop sentir leur exil.

Comme vous aimez la nature, et comme le sentiment de son charme puissant respire dans toutes vos œuvres! Vous venez, dans une comparaison que vous vous êtes plu souvent à rappeler, de mettre à côté l'une de l'autre l'architecture et l'horticulture. Et on le sent, vous mettez celle-ci au-dessus de la première. Cela se comprend, après tout : Dieu est le jardinier suprême, le paysagiste qui a disposé si harmonieusement ces sites variés et ce monde extérieur, si pittoresque. Quand il a voulu se faire horticulteur, l'homme n'avait donc qu'à regarder, à admirer et à imiter, il trouvait le secret des compositions heureuses dans le monde physique ordonné par l'artiste suprême, il lui prenait ses fleurs, ses arbres et tous ces éléments du beau mis à son service avec tant de profusion : il a fait du tout ces jardins et ces parcs, vrais poèmes qui ravissent le regard. Architecte au contraire, l'homme a dû créer de toutes pièces et son plan et ses matériaux ; si grandioses que soient les monuments, fruits de son génie et de son sentiment religieux ou artistique, si élégants que puissent être ceux que l'emploi nouveau des métaux lui permet d'élever, il y a toujours en eux quelque chose de la sécheresse des lignes géométriques qu'on ne trouve pas dans la nature. Vous avez fait comprendre ces choses, Monsieur. Ceux qui préfèrent, comme moi, les créations de William Kent, le paysagiste, à celles de Le Nôtre, l'architecte, savent maintenant pourquoi ils le font. Si cette préférence est une hérésie artistique, je crois bien que vous en êtes fauteur, et que vous ne condamnerez pas trop ce goût qu'au grand siècle on eût trouvé si peu correct.

Je viens de dire que l'horticulteur n'est qu'un imitateur; n'y a-t-il pas là une exagération? Vous avez montré qu'il était plus que cela, et, jamais je n'ai mieux compris qu'en lisant vos écrits la différence qui existe entre la science et l'art. Quand il est dans le domaine de la science, l'homme trouve détail par détail les lois qu'il ne fait pas, il abstrait, ses connaissances sont morcelées; dès qu'il arrive à l'art, le praticien qui veut réaliser ses conceptions, est obligé au contraire de concentrer toutes les notions qu'isolent les sciences, de réunir ces rayons séparés en un faisceau qui éclaire son esprit inventif, et lui fait voir dans un ensemble parfait les conditions essentielles à la réalisation de l'œuvre projetée.

C'est là votre doctrine, Monsieur, et l'on vous voit toujours chercher à faire pénétrer chez les horticulteurs la nécessité du savoir : vous montrez qu'ils doivent à chaque instant demander leurs enseignements à la physique, à la chimie, à la botanique, pour ne parler que des sciences principales, et si l'horticulteur est complet, pour dessiner ses jardins et ordonner leurs massifs, il puisera aux mêmes sources que le peintre pour y apprendre les lois de la perspective, du jeu des lumières et des ombres, de l'opposition des couleurs et tant d'autres.

Ainsi fait l'horticulteur, votre idéal ; ainsi vous-même, Monsieur, essayez-vous de devenir créateur. La science, en vous révélant l'ordre dans la nature, vous a montré en même temps que contenu par ses lois immuables, l'homme peut cependant, dans le cercle très-large où elle le laisse agir, modifier les formes et les couleurs, et trouver, en quelque sorte, pour l'ornement de ses jardins, des éléments qu'elle ignorait. Lorsque dans vos serres et dans vos jardins, exerçant cette puissance sur les plantes obéissantes, vous avez transformé vos fleurs et vos fruits, cette tranquille royauté de l'homme, vous a fait jeter un regard de tristesse sur le spectacle que présentent l'humanité et ses mobiles systèmes.

Oui !..... Pourtant qui pourrait nier, après avoir étudié l'homme dans l'histoire, l'immutabilité des lois qui régissent la société. Elles sont, elles ont été plus longues à reconnaître, j'en conviens : Newton découvrit plus facilement l'attraction, car la mécanique céleste subit passivement des lois qu'elle ne peut changer, tandis que l'homme social n'obéit aux lois également immuables de sa nature, que s'il les voit et s'il le veut. Bastiat constatait leur existence et leurs harmonies, et disait que si Newton, après sa découverte, ne prononçait plus le nom de Dieu sans se découvrir, c'est avec bien plus de raison que « nous devons nous incliner devant « la sagesse éternelle, à l'aspect de la mécanique sociale « où vit aussi la pensée universelle, *mens agitat molem*, « mais qui présente de plus ce phénomène extraordi- « naire que chaque atome est un être pensant, animé, « doué de cette énergie merveilleuse, de ce puissant de « toute moralité, de toute dignité, de tout progrès, « attribut exclusif de l'homme : la liberté. »

L'humanité donc est soumise, comme la nature, à des lois immuables qui limitent notre pouvoir : il n'y a de changeant que l'ignorance de l'homme qu'il peut guérir, il n'y a de mobile que ses passions qui le poussent à la licence si la raison ne les guide, il n'y a de modifiable que les instruments et les institutions qui lui facilitent le double gouvernement des choses physiques et des choses sociales. Dans le champ immense ouvert à son activité par Dieu même, l'homme se meut avec sa responsabilité; elle lui fait apparaître, dans des sanctions diverses et fatales, les limites tracées à sa liberté : le laid, la stérilité, la maladie, la difformité, la guerre, l'anarchie....., tous les maux enfin, chaque fois que, volontairement ou involontairement, il viole une de ces lois immuables. Il faut, s'il veut vivre, s'il veut donner le jour à des générations plus pressées et plus heureuses, qu'il trouve et répande la science, qu'il commande en souverain à son corps dompté et devenu un instrument docile de ses volontés éclairées, qu'il cherche des procédés et des institutions de plus en plus perfectionnées. C'est ainsi qu'en respectant leurs lois immuables, mais fécondes, le monde social et le monde physique seront de mieux en mieux cultivés.

L'Académie me pardonnera si je me laisse aller à ces pensées philosophiques que me suggère, Monsieur, la lecture de vos trop courts écrits.

Ils poussent, en effet, à la science comparée par les horizons qu'ils ouvrent. Ce n'est pas que vous ayez l'ambition de sortir des domaines scientifiques que vous vous êtes choisis; rarement un mot vous échappe qui soit hors de votre sujet et trahisse des préoccupations d'un autre ordre. Mais, malgré votre réserve, la netteté de votre exposition des lois naturelles permet d'en mieux saisir l'enchaînement harmonique avec celle de la société; celui qui vous lit trouve mille points de comparaison à dégager de vos écrits.

En voici une dernière preuve . « Dans la vie des « plantes, dites-vous dans je ne sais quel mémoire, l'acte « le plus considérable est la floraison ; c'est alors que « s'accomplit en elles la phase capitale de la fécondation, de la fructification ; c'est, en quelque sorte, le « but final vers lequel tendent toutes les forces vitales; « toutes les autres fonctions n'ont qu'une importance « secondaire et subordonnée à l'acte principal. » Cette loi naturelle n'est-elle pas aussi la loi de notre développement individuel, intellectuel et social? Connaître, aimer, servir la vérité qui engendre le beau, le juste, le bien, l'utile..., n'est-ce pas là la formule qui doit gouverner ce développement? Toute science qui ne tourne pas en un désir de les réaliser en œuvres pratiques est froide, tout désir qui ne tourne pas en fruit, c'est-à-dire en bien faire, est inutile ou stérile. Agir, c'est-à-dire produire, est le but vers lequel doit tendre tout homme. Vous avez pensé ainsi, Monsieur; on sent en vous lisant, on comprend en voyant vos œuvres tout ce qu'il vous a fallu de réflexions, d'études, d'expériences, de temps et de soins absolument personnels pour obtenir de tels résultats. Les fruits de votre féconde activité sont multiples : c'est l'utilité d'une vie bien employée donnée en exemple, c'est l'amour du beau et de l'utile ne servant pas uniquement à la satisfaction de plaisirs égoïstes, ce sont de bonnes méthodes propagées, ce sont ces nombreux mémoires remplis de faits et d'observations, c'est enfin le capital des générations disparues vivifié par le travail actuel et faisant comprendre et bénir la loi économique de l'épargne, qui prépare ces fonds abondants de salaires et de production. Tout cela est beau, attire l'estime plus que quoi que ce soit au monde, et me permet de résumer en un mot la raison qui seule a dicté à l'Académie un choix qui n'a jamais été mieux justifié : vous êtes un travailleur.

CAUSERIE HORTICOLE

Ce qui constitue pour l'horticulture un intérêt de premier ordre, c'est que son étude se rattache, par des liens étroits aux arts, aux sciences, et qu'elle est appelée à apporter son contingent à la civilisation ; de plus, elle nous apprend à examiner les phénomènes inhérents au climat de chaque pays et à la nature de ses productions. Le champ ouvert à l'horticulture est donc très vaste, ses aspects sont très variés, et, sans sortir d'un tel sujet, on est amené par des considérations que je pourrais nommer philosophiques, à se livrer à des développements qui formeraient la matière de plusieurs volumes.

Bornant là mes réflexions, je me contenterai de l'étude d'un des points que j'ai indiqués dans le large programme tracé à l'horticulture ; je veux parler de la question qui se rattache aux phénomènes de végétation inhérente au climat de chaque pays, et à la nature des productions diverses de chacun d'eux. Cette appréciation me conduit immédiatement à la question des serres et des conservatoires nécessaires pour restituer à toutes les plantes exotiques le climat qui se rapproche le plus possible de celui où elles croissent spontanément. Assurément, dans les détails que je me propose de donner, on rencontrera beaucoup de choses parfaitement connues, de ceux-là surtout qui cultivent avec soin et qui mettent la science à contribution pour fournir les moyens de suppléer à ce que la nature nous a refusé, soit pour la température, soit pour la fertilité du sol; mais, quoi qu'il en soit, je n'hésiterai pas à placer sous vos yeux des principes et des pratiques qui sont trop souvent négligés, parce que l'on en méconnait l'importance, par un esprit de routine qui est l'ennemi le plus réel du progrès. On essaye souvent de conserver dans la même serre des plantes apportées de latitudes très différentes. Là, toutes ont part aux mêmes soins, soit qu'il s'agisse de chaleur, d'humidité, de ventilation, de rempotage, etc., et au bout de l'année, on gémit des pertes occasionnées par le même régime imposé à des végétaux de natures très-différentes. Cela est cependant bien naturel, il faudrait savoir se borner; et, après avoir fait quelques études géographiques, ne réunir que les plantes qui ont une véritable analogie, soit dans leurs organes soit dans leurs conditions de végétation.

Maintenant, quelle que soit la culture adoptée, il faut une serre qui soit facilement ventilée et pourvue d'un appareil de chauffage, qui permettra de régler la température suivant l'exigence des plantes dont on a entrepris la culture; sous ce rapport, l'emploi du thermosiphon est préférable à tout autre système; avec lui, on obtient une chaleur douce et humide favorable à la végétation. La chaudière à vapeur développe sa chaleur à l'aide de tuyaux vides et qui par là même deviennent froids dès que l'ébullition a cessé. L'appareil des tuyaux en maçonnerie ou en terre cuite pour la circulation de la fumée, produit une chaleur aride, et de plus peut donner lieu à l'invasion de la fumée dans l'intérieur de la serre, si la moindre fissure se manifeste. D'ailleurs, la fumée qui de sa nature est plus légère que l'air, tend toujours à monter ; et, dès lors, si la pente donnée aux tuyaux n'est pas suffisante, elle tourne en eau et remplit les conduits d'une humidité qui vient contrarier le tirage, et par là même diminuer le rayonnement de la chaleur.

La construction des serres donne lieu ensuite à diverses observations dont on ne tient pas toujours compte, surtout si on a recours aux architectes dont le but principal n'est pas de faire une bonne serre, mais bien de donner à la construction une perspective agréable. Ainsi, il faut reconnaître en principe que les serres en bois sont infiniment préférables à celles en fer pour la culture et la bonne végétation ; elles sont, et plus fraîches en été et plus chaudes en hiver, par cette raison bien simple que le bois est mauvais conducteur de la température, tandis qu'il en est autrement du fer. Cependant, on préfère généralement les serres en fer par ce qu'elles sont plus durables et qu'on peut plus facilement leur donner une coupe qui flatte les yeux.

On ne doit pas oublier que plus une serre doit être chaude, plus elle doit être enterrée, afin de ne pas être facilement enveloppée par une température froide pendant la saison d'hiver.

On aura soin de ménager une distance de 5 à 6 centimètres entre les tablettes et les murs extérieurs, afin que la chaleur des tuyaux placés sous les tablettes arrive facilement sur le vitrage. Les allées dans l'intérieur d'une serre seront plutôt sablées que pavées, car avec un léger bassinage on évitera facilement la poussière résultant du balayage d'un pavé. Les serres doivent toujours être vitrées à double mastic, cela devient une économie, car, avec une autre méthode, par l'ouverture et la fermeture incessante des ventilateurs, on s'expose à de très fréquentes réparations.

Une observation importante à faire, c'est qu'il faut soigneusement orienter une serre, c'est-à-dire la placer au midi, au levant ou au nord, suivant la culture à laquelle elle est destinée. En s'éloignant de ce principe, on compterait sans le soleil qui est l'indispensable, le plus puissant auxiliaire de nos appareils de chauffage.

Je pourrais maintenant entrer dans de longs développements, pour indiquer les meilleurs procédés de culture à employer pour obtenir des plantes une végétation luxuriante, mais cela devient inutile en présence d'excellents praticiens qui connaissent, aussi bien que moi, les moyens qui assurent le succès.

Cependant, je désire attirer votre attention, pendant quelques instants, sur un fait que j'ai sommairement indiqué dans l'une de nos précédentes séances. Je veux parler de la taille des plantes ligneuses, spécialement des camellias et rhododendrums.

Ce principe admis en silviculture qu'il faut botter ou élaguer tard étant mis également en pratique en horticulture, je m'y suis conformé pendant bien des années, mais, je dois le dire, sans succès, surtout quand il s'est agi non pas seulement de tailler, mais de rabattre, sans leur laisser une seule feuille, des camellias élevés, dégarnis et dont toute la sève se portait vers les extrémités des rameaux. Cette année, en étudiant plus attentivement les procédés que la nature met en œuvre pour la végétation des plantes, en examinant les périodes de repos et en même temps celles où la sève reprend toute son activité, j'en suis arrivé à conclure que pratiquer tardivement sur les plantes une taille énergique, était à la fois une faute et une perte réelle des éléments qui doivent nous seconder, quand il s'agit d'un remède héroïque.

En effet, lorsqu'il s'agit de rabattre un camellia, ou une autre plante, de la laisser sans une seule feuille, on opère une véritable mutilation, et il ne faut rien enlever à la plante de sa puissance végétative sous peine de la voir périr. Or, on méconnait cette loi de la nature qui se justifie parfaitement par le raisonnement, si, conformément aux vieilles habitudes, on pratique tardivement la taille dans une large mesure, car, alors déjà, la sève, mise en complète et active circulation, s'est répandue dans tous les rameaux et dans les parties de la tige qui doivent être supprimées. Convaincu de la justesse de cette conclusion, j'ai taillé, le 31 janvier 1871, à 80 centimètres de la caisse, des camellias qui mesuraient 5 mètres de hauteur, et dont plusieurs présentaient des tiges de 15 à 18 centimètres de ciconférence, et à l'heure qu'il est, mes plantes me présentent une multitude de pousses de l'année de 50, 60 et même 80 centimètres de longueur. Les plantes que j'ai au contraire traitées de la même manière au commencement d'avril, c'est-à-dire au moment du complet développement de la sève, m'offrent à peine des pousses de 8 à 10 centimètres.

L'expérience appliquée à des rhododendrums m'a fourni un résultat exactement semblable.

Toutefois, les plantes soumises à un traitement aussi sévère réclament des soins tout particuliers. Evidemment, on leur cause un moment de souffrance ; elles boudent, pour parler le langage des jardiniers. Alors, il faut les sevrer de tout arrosement et se contenter de les bassiner très-fréquemment, et, par là, on préparera le vieux bois à donner passage aux nouveaux bourgeons, qui se manifesteront d'abord par l'apparition sur la tige d'une masse de petites nodosités

J'ai fait de plus une remarque, c'est que les bourgeons s'obtiennent sur la tige même de la plante plutôt que sur les branches latérales que l'on aurait laissées pour former, dès la première année, la charpente de la plante.

Les principes que je viens d'indiquer, et dont je donne en même temps les résultats pratiques, m'ont conduit à penser que, si j'avançais également l'époque des greffes en approche, j'obtiendrais assurément plus de succès qu'en les pratiquant suivant les vieilles habitudes en mai et juin ; là encore, l'expérience a complètement réussi et le problème est résolu d'une manière absolue. Je termine ici le rapide exposé de certaines indications qui, je l'espère, pourront être de quelqu'utilité à ceux qui construisent une serre et à ceux qui veulent adopter le meilleur mode de culture pour la bonne végétation des plantes ; il suffira, je l'espère, pour démontrer surabondamment que, lorsque l'on est, comme nous, aux prises avec un climat froid, la passion des fleurs ne peut trouver à se satisfaire que si on parvient à trouver, pour la conservation et la multiplication des plantes délicates, des artifices qui permettent des cultures obtenues naturellement par ceux qui sont plus favorisés par le climat. A l'origine, on a essayé de chauffer les serres avec le fumier, afin de maintenir la végétation dans les bâches ; les progrès de l'art ont ensuite fait inventer les divers systèmes de chauffages, et ainsi, on est parvenu à créer dans tous les climats une saison que n'avait pas indiquée la nature. Ce n'était pas assez, en effet, pour l'horticulteur ami du progrès, d'avoir embelli, par la fécondation et l'hybridation, les espèces indigènes ; il a fallu mettre à contribution toutes les parties du monde, et faire son choix parmi les plus belles plantes exotiques ; et c'est précisément pour résoudre ce problème qu'il a fallu recourir à la construction des serres qui permettent de naturaliser, sinon d'acclimater des plantes de climats très-différents du nôtre. C'est ainsi seulement qu'il est permis de conserver pendant l'hiver, pour les livrer à la pleine terre pendant les mois les plus chauds de l'année, une infinité de plantes exotiques du plus grand mérite, et qu'alors, en parcourant, durant la belle saison, un jardin bien entretenu, on peut se croire pour un instant transporté sous la zône sub-tropicale et s'écrier avec le poëte :

« *Hic ver assiduum melius quam carmina flores*
Inscribunt.... »

En terminant ces indications bien sommaires, je dois mentionner ici une amélioration apportée dans les foyers de chauffage des serres par M. Potel. J'avais espéré qu'une commission, nommée dans la séance d'octobre, serait venue constater les résultats obtenus et qui sont de nature à détruire les préventions de plusieurs horticulteurs qui, sans doute, ont fait de ce système l'expérience dans des conditions peu convenables.

Pour mon compte, après avoir accepté avec une grande défiance l'exposé du système de M. Potel, je suis obligé de convenir qu'il offre de nombreux avantages dont je vais essayer de vous rendre un compte exact. L'invention de M. Potel n'est pas aussi simple et aussi élémentaire qu'on veut bien le prétendre ; il n'a ni amélioré, ni complété des appareils déjà employés ; il a inventé un système complètement nouveau dont les avantages sont incontestables.

Ainsi, j'ai appliqué son système à cinq chaudières de thermosiphon et à un 6me appareil portatif, et, dans tous ces essais, j'ai obtenu un succès complet sous le double rapport de l'économie et de la promptitude du chauffage.

Il résulte des expériences répétées que l'économie de combustible est à peu près de trois quarts ; ainsi, un hectolitre de charbon au lieu de trois au minimum. La promptitude du chauffage est également évidente, et elle est produite par cette cause que la circulation de l'eau est activée par la disposition de l'intérieur des chaudières. En effet, dans ce nouveau système, le feu se fait non plus à l'intérieur des chaudières, mais sur un foyer construit en avant et à l'extérieur de la chaudière : la flamme est alors projetée, non seulement à l'intérieur de la chaudière, mais également sur les parois extérieures, de telle sorte que la surface de chauffe est plus que doublée. De plus, l'intérieur de la chaudière étant garni de briques réfractaires, le métal de la chaudière elle-même n'est plus en contact direct avec le brasier incandescent, et, par là même, il est protégé contre les détériorations qui viennent si souvent désespérer l'horticulteur au moment où il a le plus besoin de chaleur.

Enfin, la circulation de l'eau est rendue plus forte et plus prompte avec ce système, par la raison que le point, où correspond dans l'intérieur de la chaudière le tuyau de rentrée, étant garni de briques réfractaires, l'eau s'y trouve moins chaude que dans le tuyau de départ, et, par la même, la circulation s'établit infiniment plus facilement que dans les appareils ordinaires, pour lesquels le feu met en équilibre l'eau dans les tuyaux de départ et dans ceux qui la ramènent à la partie inférieure de la chaudière. Le résultat obtenu est incontestable pour tous ceux qui se rendent compte de ce phénomène que l'eau chaude est infiniment plus légère que l'eau froide ; car, en neutralisant à l'aide de briques réfractaires l'action directe du feu sur les points correspondants aux tuyaux de rentrée, on y maintient l'eau à un degré de température inférieure à celui du tuyau de départ, et, dès lors, rien ne vient plus contrarier la circulation naturelle de l'eau. Ces détails sont assurément fort arides, mais je les ai jugés indispensables pour faire apprécier l'invention de M. Potel, qui, je le répète, a produit chez moi un résultat des plus satisfaisants.

J'ajoute un seul mot pour faire remarquer que le système appliqué à l'appareil le rend fumivore, et, qu'en second lieu, la disposition du foyer, extérieure à la chaudière, permet l'emploi du coke dont on doit s'abstenir dans les chaudières où la flamme porte directement sur les parois métalliques. Ce dernier point présente une importance qui n'échappera à personne, car le coke fournit une chaleur plus intense que le charbon, il ne produit pas de fumée, et surtout il ne pèse que 42 kilog. à l'hectolitre au lieu de 75. Il y a donc encore une économie réelle à le substituer au moins, en partie, au charbon.

Les détails qui précèdent paraîtront, je le pense, assez complets à la commission des chauffages pour la dispenser de venir sur les lieux apprécier le résultat des travaux de M. Potel.

L'HORTICULTURE AU MOYEN-AGE

Quand on remonte à l'époque du moyen-âge, on assiste au magnifique spectacle du développement successif, sous les formes les plus diverses, des créations du génie de l'homme. Dans les arts et dans l'architecture, on voit s'élever des réputations que les siècles suivants doivent solennellement sanctionner; à cette époque, la sculpture vient compléter tous les arts par ses ouvrages en pierre, en marbre, en bronze, en bois, en ivoire; la peinture commençant par la mosaïque et les émaux, concourt à la décoration des édifices par les vitraux et les fresques, enlumine les manuscrits et marche vers sa plus grande perfection, avec les Giotto, les Raphaël, les Hemling et les Albert Dürer. Puis, après des études sérieuses sur la gravure, elle évoque tout à coup l'imprimerie, cette sublime invention destinée à changer la face du monde.

Mais, en même temps que s'accomplissaient toutes ces merveilles, les hommes de génie comprirent qu'une seule chose pouvait compléter le mérite de leurs créations, c'était de les enfermer dans le magnifique tableau que fournit la nature; c'est ainsi que prit nais-

3

sance, dans le siècle où tout était en progrès, l'art des jardins, et que bientôt on put dire que, dans une résidence bien entendue, la magnificence des jardins devait être en proportion de celle des édifices.

Dans une autre circonstance, j'ai succinctement énuméré toutes les améliorations qui se sont successivement produites chez tous les peuples, pour l'embellissement des jardins; aujourd'hui, me renfermant dans un cercle plus sérieux et plus utile peut-être, j'entreprends de raconter ce qu'était l'horticulture alimentaire au moyen-âge et déjà dans les siècles précédents.

La tâche que je me suis imposée pourra paraître bien modeste, pour être traitée devant une nombreuse assemblée, mais tous peut-être ne partageront pas cet avis et se rappelleront l'histoire de l'empereur Dioclétien qui, descendu du trône le plus puissant qui fut jamais et réfugié dans une humble retraite, repoussait avec effroi ceux qui venaient le supplier de reprendre la pourpre. « Ah ! s'écriait-il, si vous voyiez les belles laitues que je cultive dans mon jardin, vous ne me parleriez plus du pouvoir suprême ! »

En commençant l'étude des cultures qui étaient déjà admises dans la pratique aux époques les plus reculées, il ne sera pas inutile, peut-être, de consigner ici quelques réflexions qui sont de nature à restituer à l'horticulture la place qu'elle mérite dans la question si importante de l'alimentation publique.

Pour obtenir ce résultat, j'appellerai l'histoire à mon aide, et je chercherai quel était, à l'époque du moyen-âge le rôle de l'horticulture ; ces études me conduiront en même temps à toucher, en quelques mots, l'état de l'agriculture à ses débuts.

En m'éloignant ainsi des temps modernes, j'aurai plus de chances d'établir la vérité et de répondre à certaines objections des agriculteurs qui seraient tentés de représenter l'horticulture comme une science de fantaisie, et de traiter ceux qui s'en occupent aujourd'hui aussi légèrement que s'il s'agissait de choses futiles et à peu près inutiles. En effet, il semble souvent, à entendre certains agriculteurs qui ne prennent pas suffisamment au sérieux les travaux qui ne rentrent pas spécialement dans leur sphère, que, dans notre siècle principalement on ne s'attache à l'horticulture que pour sacrifier à la mode et se conformer à l'engouement général qui s'est déclaré pour la culture des fleurs et des plantes ornementales.

La question est plus haute et plus complexe, et l'étude des temps anciens nous fait voir que lorsque l'agriculture était encore à l'état d'enfance, déjà l'horticulture était en honneur et avait réalisé, pour ses légumes et ses fruits, des progrès incontestables. Ce sont là assurément deux catégories de produits qui tiennent une large place dans les expériences horticoles, et, dans aucun temps, il n'a été permis de les laisser de côté, sous peine de se priver des ressources les plus utiles et même les plus indispensables à l'alimentation.

Les Gaulois qui habitaient principalement des forêts épaisses et profondes, se nourrissaient d'herbes et de fruits et surtout de glands ; on est même porté à croire que le respect religieux que ce peuple avait pour le chêne, n'eut pas d'autre origine. Cette nourriture primitive resta fort longtemps en usage, puisqu'au VIIIe siècle, nous trouvons dans l'histoire qu'il y a disette, si, dans une année défavorable, le gland et la faine viennent à manquer. En 1546, sous le règne de François Ier, René du Bellay, évêque du Mans, vient encore exposer au roi que, dans une année de pénurie, beaucoup de ses diocésains en étaient tristement réduits à vivre du pain de gland. Le blé noir ou sarrazin ne fut introduit en Europe qu'à l'époque où les Maures firent la conquête de l'Espagne, il se naturalisa promptement dans le Nord et surtout dans les Flandres où sa culture facile et son rendement presque certain contribuèrent puissamment à épargner beaucoup de souffrances à des populations sans cesse menacées de famine par la rareté des autres céréales. Ce ne fut que plus tard que l'on fit entrer dans la consommation le maïs et le riz, mais ces deux céréales restèrent plus spécialement affectées, l'une à l'engraissement de la volaille, l'autre à la fabrication de quelques gâteaux.

Cependant l'horticulture n'était pas restée inactive. Déjà elle avait compris que, non content de trouver dans ce qu'il mange le soutien de sa vie, l'homme devait chercher à découvrir et à cultiver des produits dont la saveur vînt flatter son goût; cela est devenu une science très compliquée, très étendue, qui, chez les nations civilisées, s'est placée parmi les plus importantes. C'est ainsi que de tout temps les indigènes de chaque contrée ont combattu la nature du sol qu'ils cultivaient, en le forçant, pour ainsi dire, à leur fournir des produits qu'il semblait devoir leur refuser pour toujours. Sans sortir de la France, si nous examinons l'horticulture telle qu'elle était pratiquée du temps de Charlemagne, nous trouvons, dans ses capitulaires, l'énumération des plantes utiles que l'empereur voulait voir cultiver dans ses domaines; dès cette époque, la plupart de nos végétaux potagers entraient dans la consommation, car nous y voyons figurer, entr'autres, le fenouil, le cerfeuil, l'ail, le persil, les échalottes, les oignons, le cresson alénois, l'endive et la laitue, la betterave, les choux, les poireaux, les carottes, les cardons, enfin les haricots, les grosses fèves, les pois chiches d'Italie et les lentilles.

Au XIIIe siècle, on désignait sous le nom de générique d'aigrun, les plantes potagères, parmi lesquelles on comprit plus tard les oranges, les citrons et autres fruits acides. Saint-Louis ajouta même à cette catégorie les fruits à écorce dure, comme les noix, les noisettes et les châtaignes. Et quand la communauté des fruitiers de Paris reçut des statuts en 1608, ils étaient encore désignés sous le nom de marchands de fruits et d'aigrun.

Dès le XIIIe siècle, on cultivait les melons que l'on nommait pompons. Les Languedociens alors étaient seuls cités comme sachant produire les excellents sucrins, ainsi nommés, disent Charles Etienne et Liébaut, dans la *Maison rustique*, parce que les jardiniers les arrosaient avec de l'eau sucrée ou miellée.

Pour les choux, le 1er rang appartenait au fameux chou de Senlis, dont les feuilles, quand on les déployait, exhalaient une odeur plus agréable que le musc et l'ambre, dit un vieil auteur, et dont l'espèce s'est évidemment perdue, lorsque les herbes aromatiques qui étaient très employées dans la cuisine de nos aïeux tombèrent en discrédit et furent mises tout à fait à l'écart. Les herbes qui jouissaient plus particulièrement du privilége de communiquer aux sauces et aux rôtis leur excitant fumet, étaient la marjolaine, le carvi, le basilic, la coriandre, la lavande et le romarin.

Le concombre, les lentilles étaient employés, mais infiniment moins recherchés que les petites fèves fraîches, qui entraient dans les repas les plus délicats, ainsi que les pois qui, au XVIe siècle, passaient en quelque sorte pour un mets royal. Le navet et les laitues étaient fort cultivées; parmi ces dernières, on distinguait la romaine, qui devait son nom à cette circonstance que la graine en avait été envoyée de Rome par maître François Rabelais, lorsqu'il était en Italie avec le cardinal du Bellay, en 1537.

L'Europe occidentale était originairement très pauvre en fruits. Elle ne s'est enrichie en ce genre que par des acquisitions et des adoptions qui, pour la plupart, furent des emprunts faits à l'Asie par les Romains. On doit l'abricot à l'Arménie, la pistache et la prune à la Syrie, la pêche et la noix à la Perse, la cerise à Cerasonte, le citron à la Médie, l'aveline au Pont, la châtaigne à Catane, ville de la Magnésie; c'est encore l'Asie qui nous a donné l'amande, mais le grenadier viendrait, selon les uns, d'Afrique, selon les autres, de Chypre, le cognassier de Cydon, ville de Crète; enfin l'olivier, le figuier, le poirier et le pommier furent apportés de la Grèce.

Cette nomenclature, indiquant la provenance des fruits, est d'autant plus intéressante qu'elle fournit pour quelques-uns les motifs de la dénomination qui leur a été appliquée. Nous apprenons encore, par les capitulaires de Charlemagne, que ces fruits étaient presque tous cultivés dans les jardins de ce monarque, et que plusieurs d'entre eux comptaient déjà certaines espèces ou variétés produites par la culture. Toutefois, parmi les prunes, ne figurait pas la célèbre reine Claude qui doit son nom à la fille de Louis XII, première femme de François Ier; parmi les poires, le bon chrétien fut apporté par Saint-François de Paule à Louis XI.

Le coing, dont la culture fut si générale au moyen-âge, passait pour le plus utile des fruits : non-seulement il faisait la base des fameuses confitures sèches d'Orléans, dites Cotignac, mais encore il servait à l'assaisonnement des viandes; les coings de Portugal étaient les plus estimés. Toutefois, le Cotignac d'Orléans avait une telle renommée, qu'aux entrées des rois, reines et princes dans les bonnes villes de France, on ne manquait jamais de leur en présenter des boîtes. Enfin, ce fut la première offrande des Orléanais à Jeanne-d'Arc, lorsqu'elle amena des troupes de renfort dans Orléans assiégé par les Anglais.

Au XIIIe siècle, on criait dans Paris les châtaignes de Lombardie, mais, dès le XVIe siècle, la renommée des marrons du Lyonnais et de l'Auvergne était déjà parfaitement établie.

A Paris qui, dans tous les siècles, s'est montré la ville du progrès, les jardins fruitiers étaient particulièrement en honneur, et nous retrouvons encore aujourd'hui la rue de la Cerisaie qui rappelle la plantation faite par le roi Charles V; plus loin, la rue Beautreillis qui doit son nom à la treille du célèbre hôtel Saint-Paul.

Les Portugais, de leur côté, revendiquent l'honneur d'avoir importé l'orange de la Chine. Cependant, il est fait mention dans un compte de la maison d'Humbert, dauphin du Viennois, en 1333, d'une somme payée pour transplanter des orangers. Cette époque est bien antérieure aux voyages des Portugais dans les Indes.

Les compagnons de Brennus avaient acclimaté et propagé la vigne dans les Gaules, 500 ans avant l'ère chrétienne; elle n'a jamais cessé de donner d'excellents produits et de constituer une des richesses naturelles du pays.

Le cadre, dans lequel je dois me renfermer, ne me laisse pas la latitude de parler des jardins d'Italie avec le développement qu'ils méritent. Je me contenterai de relater que ses jardins artistiques atteignirent, à l'époque de la Renaissance, un degré de perfection auquel le temps ne devait presque rien ajouter.

J'espère que vous me pardonnerez, Messieurs, d'avoir fatigué votre attention par les détails historiques sur l'introduction et la culture des légumes et des fruits, telles que la pratiquaient nos aïeux. J'ai pensé que cela présentait un intérêt véritable et répondait péremptoirement à ceux qui n'accordent pas à l'horticulture l'importance qu'elle mérite à tous les points de vue; il est bien remarquable en effet, que, dans les temps les plus reculés on se soit sérieusement occupé de la culture des légumes et des fruits.

Je n'ai pas besoin d'ajouter que, dans ce travail, je n'ai d'autre mérite que la patience d'avoir fait quelques recherches et d'avoir réuni les faits qui pouvaient offrir un intérêt réel à ceux qui étudient avec soin les questions horticoles. Je n'ai qu'un but, celui d'encourager les progrès de l'horticulture, qui doit non-seulement flatter nos yeux par la vue de nos jardins émaillés des fleurs les plus variées et plantés de végétaux aux splendides feuillages, mais aussi tenir un rang très important dans la question de l'alimentation publique, par la variété et l'excellence de ses produits.

En terminant cette étude sur les jardins utiles, il me sera permis, peut-être, de considérer un instant l'horticulture à un point de vue plus général, et d'établir qu'en perfectionnant, en embellissant encore ce que la nature elle-même avait fait de plus beau, l'art horticole a réalisé la plus heureuse des conceptions, en même temps qu'il a apporté son concours à l'œuvre de la civilisation.

L'immense majorité des Parisiens connaît à peine les monuments et les musées de Paris: il n'en est pas un qui n'affectionne son jardin. Chacun appelle ainsi celui qui est le plus près de sa demeure.

A Paris, comme à Londres, dès qu'un rayon de soleil illumine la ville, les parcs et les squares se remplissent d'une foule joyeuse, enchantée de profiter de la verdure et des fleurs que l'édilité intelligente a mises à sa portée. Il semble que si Paris n'avait plus ses Champs-Élysées, son Luxembourg, son Jardin des Plantes, ses squares, il deviendrait un séjour insupportable.

Les jardins sont le luxe par excellence, le luxe universel, le luxe du pauvre et celui du riche, des simples citoyens et des potentats, des individus et des nations, ils sont encore bien plus le luxe des villes que celui des campagnes, et des peuples civilisés que des peuples primitifs; point de jardins chez les peuples qui sont plongées dans l'ignorance et la barbarie.

Je lisais quelque part que le nombre, l'étendue, l'arrangement, la culture des jardins privés et des jardins publics, donnent la mesure exacte du degré de prospérité d'un état, de la sagesse de ses institutions, de l'aisance et de la moralité des citoyens, de leur goût, de leurs lumières et du degré de faveur qu'ils accordent aux sciences, aux lettres et aux arts. En effet, on peut montrer partout l'art des jardins progressant et se propageant avec la civilisation, avec la liberté, avec la richesse, avec la paix au dehors et la concorde au dedans, en un mot, avec ce qui est vraiment la gloire et le bonheur des nations.

L'HORTICULTURE EN BELGIQUE

Après avoir suivi pendant trop longtemps la voie qui avait été tracée par les générations précédentes, la France est entrée, au point de vue de l'horticulture, dans la marche progressive que la science a indiquée pour les arts et l'industrie. Je ne développerai pas les réflexions auxquelles pourrait donner lieu cette situation, mais il nous sera permis d'essayer de rendre quelques services à l'horticulture, en présentant ici les observations que me suggère un ouvrage sur l'horticulture belge, que M. Baltet a dédié à M. le ministre de l'agriculture, du commerce et des travaux publics.

Sans me renfermer dans le cercle étroit d'un compte-rendu qui ne comporte que l'analyse succincte et la reproduction exacte de l'opinion de l'auteur, il me sera possible de choisir, dans cette importante publication, ce qui me paraîtra utile pour les sociétés d'horticulture françaises, et de signaler les améliorations dont notre éducation horticole me paraît susceptible.

Contrairement à ce que font beaucoup d'auteurs, M. Baltet a placé l'amour de la vérité au-dessus de l'affection qu'il porte à son pays, et avec un esprit d'appréciation qui lui fait le plus grand honneur, il a rendu pleine et entière justice à l'organisation de l'horticulture officielle en Belgique, et il a constaté que le royaume belge voit chaque jour de nouvelles célébrités surgir et marcher en tête du courant théorique et pratique de la science des jardins.

La Belgique est l'un des états les plus peuplés de l'Europe : elle compte 15,568 habitants par myriamètre carré, tandis que la France n'en compte que 6,830; elle est toujours digne de la réputation séculaire du jardin des Flandres qui furent, dit-on, le berceau de la culture des fleurs. Les solennités horticoles que tous ont pu admirer en Belgique, permettent de constater l'enthousiasme des propriétaires amateurs, en même temps que la grande intelligence de l'horticulteur praticien, et comme couronnement, la protection directe de l'Etat.

Si la Belgique horticole est aussi avancée, dit M. Baltet, c'est sans doute parce que les hommes qui s'y dévouent sont instruits, zélés et doués de cette conviction qui assure le succès. Les excellentes institutions que nous allons passer en revue succinctement, sont assurément la source de la prospérité de l'horticulture en Belgique ; elles comprennent :

1° Les écoles d'horticulture de l'État fournissant aux jeunes gens l'instruction fondamentale qui leur procure un brevet de capacité en leur assurant un bel avenir ;

2° Des conférences horticoles patronées par l'État et par les administrations locales ;

3° Une fédération des sociétés d'horticulture, destinée à centraliser les forces disséminées et à répandre partout la lumière ;

4° L'instruction horticole dans les écoles normales ;

5° Les jardins botaniques qui deviennent un but

d'enseignement scientifique et populaire, par l'exposition des végétaux exotiques naturalisés, et par la conservation des espèces indigènes ;

6° Les journaux d'horticulture ;

7° La décoration agricole et industrielle qui donne à l'ouvrier honnête et intelligent l'espérance de voir sa carrière ennoblie par une distinction gagnée sur le champ du travail et du devoir.

Pourquoi donc la France, où règne une passion solide et vivace pour la culture des fleurs de parterre, des arbres, des fruits et surtout des végétaux utiles, économiques et alimentaires, n'emprunterait-elle pas à la Belgique tout ce que ses institutions publiques et particulières ont fondé, tout ce qui constitue et assure aujourd'hui sa richesse horticole? C'est alors, continue l'auteur, qu'après avoir dit : la France est le verger de l'Europe, on pourrait ajouter : l'horticulture française est la première horticulture du monde.

L'école pratique d'horticulture de Vilvorde a été fondée en 1849, avec le concours du gouvernement. L'enseignement que l'on y reçoit comprend ce qui concerne l'horticulture d'agrément et d'utilité, l'arboriculture fruitière, la pomologie, la sylviculture et la production naturelle et forcée des plantes potagères. La valeur des professeurs qui y sont attachés est incontestable, cela explique les succès obtenus. Les études comprennent trois années, et le programme de chacune est réglé de manière à former un cours complet des matières que je viens d'indiquer. Les études terminées, les élèves se présentent aux examens théoriques et pratiques, et s'il y a lieu, obtiennent un brevet de capacité.

On accorde aux élèves des gratifications, et ils subissent des punitions qui peuvent entraîner le renvoi temporaire ou définitif.

L'école a un budget, on lui a annexé des conférences publiques et gratuites sur l'horticulture.

Une seconde école d'horticulture est installée à Gendbrugg-lès-Gand, dans l'établissement de M. Van-Houtte.

Fondée en 1849, elle fut réorganisée en 1860; les études ont principalement pour objet la conduite des serres, la culture des fleurs et des végétaux d'agrément; cependant, en ce moment, l'horticulture économique a une tendance à marcher de front avec l'horticulture de luxe.

Le programme comprend trois années d'études théoriques et pratiques.

Chaque samedi, les élèves rédigent une note analytique des travaux de la semaine et la lisent en classe où ils reçoivent les commentaires des professeurs. Les élèves sont revêtus d'un uniforme qu'ils ne peuvent quitter quand ils sortent de l'école. Le prix de la pension qui comprend les frais de nourriture, de logement, de blanchissage, de chauffage et d'éclairage est de six cents francs.

L'ouvrage présente la liste des élèves sortis de l'école et qui occupent aujourd'hui des positions importantes, soit comme professeurs, soit comme directeurs de cultures considérables.

Les conférences horticoles sont aussi un puissant moyen de répandre les bonnes méthodes de culture et d'augmenter le nombre des amateurs de jardinage. Ils ont été organisés d'abord en Belgique par l'un de nos compatriotes, M. Pierre Joigneaux ; sous son impulsion, elles ne tardèrent pas à être déclarées d'utilité publique.

Des conférences publiques furent ouvertes d'abord dans les écoles d'horticulture de l'Etat, puis à Liége, à Thuin, à Anvers, à Gand, à Verviers, à Namur, à Duffel; depuis 1861, ces conférences sont confiées à des professeurs éminents, la plupart connus par des ouvrages sur l'horticulture. En 1862 et 1863 le nombre des conférences s'accroit, et avec lui, l'intérêt qui s'attache aux savantes leçons données par des hommes d'un zèle à toute épreuve.

Le résultat est tel, qu'en 1864, le Ministre constate sur l'agriculture et l'horticulture 547 conférences.

La devise nationale de la Belgique, l'*Union fait la force*, a reçu son application au point de vue horticole, par la fédération des sociétés d'horticulture. En 1858, M. Rogier, ministre de l'intérieur, vit toutes les sociétés répondre, par une adhésion unanime, à l'appel qu'il leur fit pour une association générale.

La réunion des hommes des diverses provinces, profondément dévoués à l'horticulture, donna, de prime-abord, une très-grande importance à la fédération, et il en résulta immédiatement de sérieux avantages pour l'horticulture en général. Ainsi, à peine installée, la fédération obtint du département des travaux publics la franchise postale entre les sociétés agrégées; puis les colis-plantes pour les expositions sont admis à tous les trains de voyageurs, moyennant les taxes du tarif de petite vitesse.

Les catalogues et circulaires des horticulteurs sont exemptés du timbre, ce qui, du reste, a lieu en France depuis longtemps.

M. Baltet entre dans quelques détails relatifs à la formation et à l'organisation de chacune des nombreuses sociétés d'horticulture de Belgique et fait ressortir la splendeur qu'elles savent donner à leurs expositions.

Il passe ensuite en revue les journaux d'horticulture de Belgique, parmi lesquels il cite les *Annales de la Pomologie*, la *Fleur des serres et des jardins de l'Europe*, l'*Illustration Horticole*, la *Belgique Horticole ;* ces publications ont d'autant plus d'intérêt, que chaque société belge n'est pas comme en France, dans l'usage de publier un bulletin de ses travaux.

En novembre, 1847, le gouvernement institua une décoration ouvrière qui, par un arrêté du 1er mars 1848, fut accordée aux travailleurs agricoles et horticoles. Cette distinction a puissamment contribué à stimuler le zèle et l'intelligence, l'attachement et la probité de l'ouvrier qui aide si largement au progrès général et à la prospérité de l'établissement qui l'employe.

J'ai cherché, Messieurs, à vous donner en résumé ce qu'il y a de plus important dans l'ouvrage de M. Baltet, et à vous présenter le tableau de toutes les institutions horticoles qui sont devenues l'une des branches les plus fécondes de la richesse en Belgique.

N'oublions pas, de notre côté, qu'il y a un intérêt de premier ordre à développer les progrès de l'horticulture, qui est un puissant auxiliaire de la science agricole, à qui elle transmet souvent le résultat des expériences basées sur les découvertes industrielles; elle indique aussi le mouvement à suivre, elle contribue à proscrire les vieux errements qui ont souvent de trop profondes racines. Dirai-je ici en terminant que le cours d'arboriculture nouvellement inauguré à Amiens de la manière la plus heureuse par M. Raquet, est appelé à modifier profondément les procédés de taille, et à diriger convenablement le monde horticole pour le choix des espèces qui méritent la préférence. Ajouterai-je encore que nos cultures de légumes réclament également de nombreuses réformes; sans mépriser les espèces légumes qui, par leur développement, facilitent la vente, il faudrait plus sérieusement se préoccuper de celles qui offrent le plus de saveur; il serait non-seulement urgent de renouveler les variétés, mais de les changer de terrain ; c'est là, en effet, le meilleur moyen d'empêcher la dégénérescence et de satisfaire en même temps le coup d'œil et le goût. Pardonnez-moi ces conseils, ils n'ont qu'un but, celui de vous entraîner à imiter dans toutes les sections qui composent l'horticulture, la nation voisine, en vous associant à ses efforts pour le développement de la science horticole qui est en Belgique une source inépuisable de prospérité.

Amiens. — Imprimerie H. YVERT, rue des Trois-Cailloux, 64.

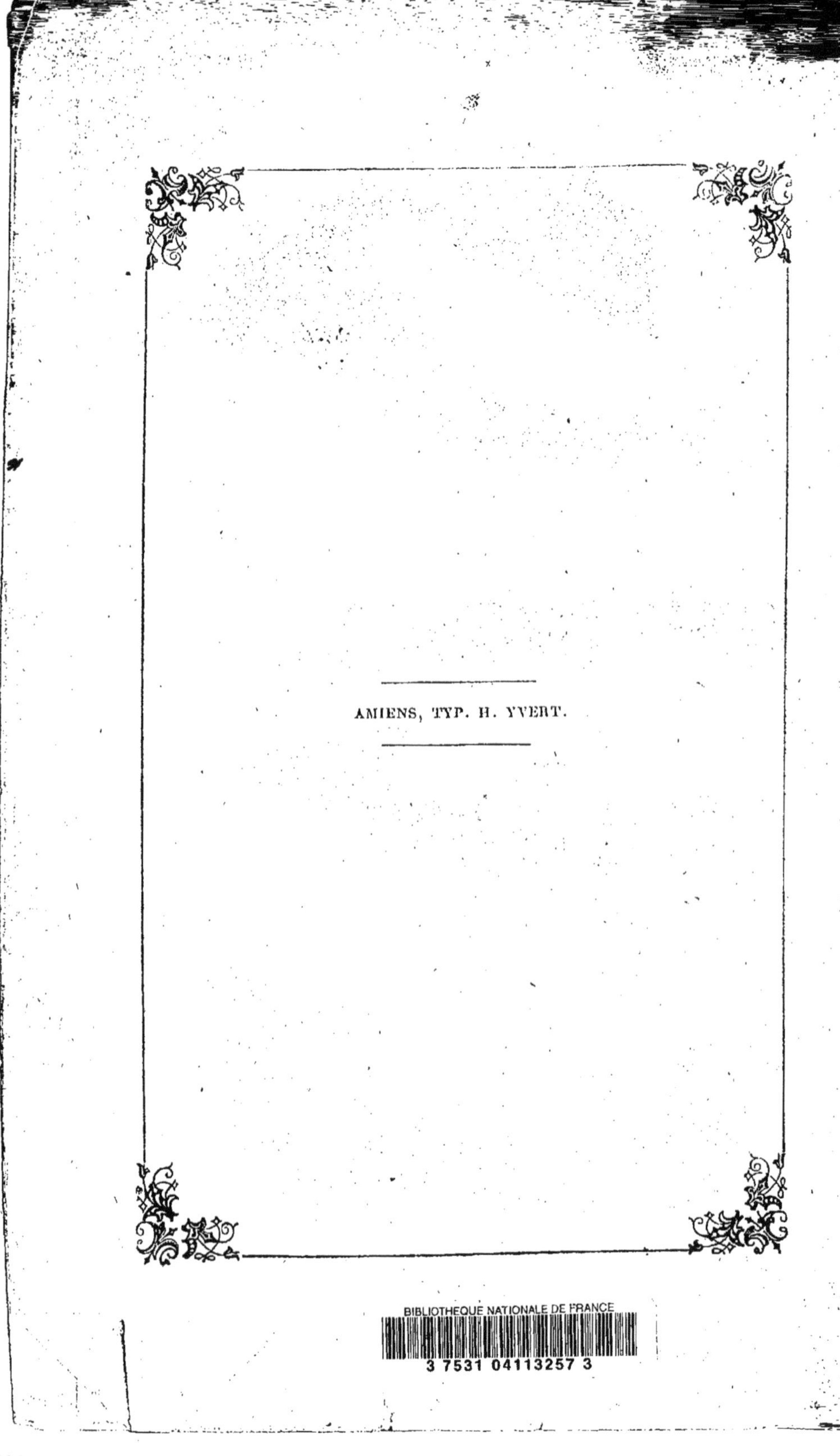

AMIENS, TYP. H. YVERT.

www.ingramcontent.com/pod-product-compliance
Ingram Content Group UK Ltd.
Pitfield, Milton Keynes, MK11 3LW, UK
UKHW012109240726
13965UKWH00004B/1648